Die Reihe
ARBEITSWELTEN

DAS RHEINISCHE BRAUNKOHLENREVIER
1877 BIS 1957

Die Reihe
ARBEITSWELTEN

DAS RHEINISCHE BRAUNKOHLENREVIER
1877 BIS 1957

Volker Schüler und Manfred Coenen

SUTTON
VERLAG

Sutton Verlag GmbH
Hochheimer Straße 59
99094 Erfurt
www.suttonverlag.de
Copyright © Sutton Verlag, 2004

ISBN: 978-3-89702-643-8
Druck: Books on Demand GmbH, Norderstedt, Deutschland

Inhaltsverzeichnis

Das rheinische Braunkohlenrevier
1877 bis 1957

Seit dem ausgehenden Mittelalter wurde im Ville-Gebirge zwischen Bonn und Köln Braunkohle gefördert. Man sprach – nach Augenschein – von „Torff-Gräberei", weil diese brennbare Erde auch sichtbare Holz- und Pflanzenreste („Knabben") enthielt, wie man sie von der Nutzung ausgetrockneter Moorflächen kannte. Die oberflächennahen Flöze wurden in Handarbeit mit vergleichsweise primitiven Mitteln („Gezähe") im „Tummel- oder Kuhlenbau" bis kurz über dem Grundwasserspiegel angeritzt und bei Wassereinbruch dann aufgegeben, um einige Meter weiter neue Förder- und Wetterschächte durch die Deckschicht zu treiben oder den Abraum an anderer Stelle großflächiger abzutragen.

Von 1790 datieren erste konkrete Informationen, dass sich die Torfgräberei im Laufe der Zeit zu einem Handwerk entwickelt hatte. „Klüttenbäcker" nannte man diejenigen, die getrocknete Braunkohle mit Lehm und Wasser vermischten und den in großen blumentopfartigen Gefäßen geformten Brei an der Luft zu brennbaren „Klumpen" trockneten. Der neue Heizstoff wärmte – bei zunehmendem Holzmangel im Rheinland – so manche Stube vielköpfiger Tagelöhner-Familien in den Ville-Dörfern.

Mit der Eingliederung der linksrheinischen Gebiete in den französischen Staatsverband im Jahre 1801 kam hier auch das französische Berggesetz von 1791 zur Anwendung. Es betraf zunächst nicht den Abbau von Braunkohle, denn nach Auffassung der französischen Verwaltung handelte es sich nach wie vor um „Torfgruben", die von den Grundeigentümern wie bisher „verpachtet" werden konnten.

Mit dem napoleonischen Berggesetz vom 21. April 1810 – es trennte Grundstücks- und Bergwerkseigentum und beschränkte die Rechte der Grundeigentümer zu Gunsten des Bergbaulustigen – erhielten private Unternehmer mit einer bergamtlichen Konzession erstmals die Möglichkeit, über die eigenen Grundstücksgrenzen hinaus für einen zu vereinbarenden Zeitraum gegen Entschädigung Land für den Abbau von Mineralien in Anspruch zu nehmen. Zwei Jahre später wurden die „Torfgruben" – nicht zuletzt in der Absicht, die Steuereinnahmen zu erhöhen – in den Rang von „Bergwerken" erhoben. Der französische Staatsrat in Paris entschied, dass die Genehmigung zum Abbau der „Kohleerde" nunmehr an eine staatliche Konzession („Gerechtsame") gebunden sei.

Diese Bestimmungen behielten ihre Gültigkeit als „Rheinisches Bergrecht", nachdem Preußen auf dem Wiener Kongress von 1815 die Rheinlande zugesprochen bekam. Oberste Aufsichtsbehörde war jetzt das „Königliche Oberbergamt für die Niederrheinischen Provinzen" in Bonn. Ab 1819 fand der Begriff „Braunkohle" nach und nach Eingang in die Behördensprache des neuen Landesherrn im fernen Berlin.

Um die Mitte des 19. Jahrhunderts bestanden im Revier 38 konzessionierte „Kleinstbergwerke", meist als landwirtschaftliche Nebenbetriebe. Knapp 700 Männer, Frauen und Halbwüchsige formten hier aus umgerechnet rund 96.000 Tonnen Braunkohle im traditionellen Verfahren „Klütten". 1865 trat das neue „Allgemeine Berggesetz für die Preußischen Staaten" in Kraft. Es bestimmte zum einen, dass alle bergbaufreien Mineralien dem Verfügungsrecht des Grundeigentümers entzogen wurden, und zum anderen, dass jeder, der die gesetzlichen Voraussetzungen erfüllte, Anspruch auf Ausstellung einer Konzession für den Betrieb eines Bergwerkes gegenüber dem Staat hatte.

Um diese Zeit liefen im sächsischen Braunkohlenrevier erste Versuche, mit der vom Münchener Obermaschinenmeister Carl Exter entwickelten und patentierten Torfpresse grubenfeuchte Braunkohle zu „Presssteinen" zu formen und wie bisher an der Luft zu trocknen. Aussichtsreicher erschien das technische Verfahren, getrocknete Braunkohle unter hohem Druck und ohne jeden Zusatz von Bindemitteln zu stabilen und transportfähigen „briquettes" von hoher Heizkraft zu verdichten. Erst später wurde der Name des Produktes als „Briketts" eingedeutscht.

Die Geburtsstunde der ersten Brikettfabrik im Linksrheinischen schlug am 1. März 1877: In der kleinen Fabrik der „Actiengesellschaft Brühl-Godesberger Verein für Braunkohlenverwertung" auf der „Roddergrube" bei Brühl wurden an diesem Tag die ersten Briketts aus den beiden Exter-Pressen zum Auskühlen in die Rinnen gedrückt. Dieser unternehmerische und technische Erfolg sollte – wie kaum ein anderer zuvor – die wirtschaftlichen und sozialen Strukturen der Region an Erft und Rur in den folgenden Jahrzehnten nachhaltig verändern. Verknüpft mit dem Beginn der Massenherstellung von Briketts sind die Namen der Gründerväter wie Hermann Gruhl, Hermann Bleibtreu und Friedrich Behrens.

Nach anfänglichen Schwierigkeiten, das neue Produkt quasi vor Ort als preisgünstige Alternative zur Steinkohle aus dem Aachener Revier und den Zechen im Ruhrgebiet auf dem nationalen Markt zu etablieren, stieg die Nachfrage in dem Maße, wie der Ausbau der linksrheinischen Eisenbahnstrecken voranschritt. Die Zunahme der Beförderungskapazitäten, der nunmehr mögliche Massentransport an sich und die als weitgehend unerschöpflich eingeschätzten Braunkohlenlagerstätten trugen mit dazu bei, dass ab 1904 unter dem Namen UNION-Brikett ein deutsches Markenprodukt aus dem Rheinland auch international bei Industrie und privaten Verbrauchern großen Anklang fand.

Neue Geräte-Entwicklungen und Erfindungen im Bereich Bergbautechnik, der Aufschluss neuer Tagebaufelder, die Gründung von Verkaufsvereinen, Vertriebsgesellschaften und spezifischen Interessenvertretungen, Vereinbarungen oder Verträge über Kooperationen und Fusionen ließen innerhalb weniger Jahrzehnte im Linksrheinischen ein Braunkohlenrevier mit mehr als 30 Brikettfabriken entstehen. Seine ungeheure Wirtschaftskraft wurde noch durch den Bau von großen Elektrizitätswerken in Hürth (Goldenbergwerk), Bergheim (Fortuna), Weisweiler (Zukunft) und Neurath (Frimmersdorf) gesteigert. Dieses Potenzial hat politisch Verantwortliche auch dazu veranlasst, die Braunkohle in zwei Weltkonflikten als Energieträger bei der Herstellung von Waffen, Munition und Treibstoff zu missbrauchen. Auch das Schicksal vieler Kriegsgefangener und Zwangsarbeiter ist mit der Gewinnung des „braunen Goldes" eng verbunden.

Nach 1945 zeichnete sich ab, dass ein großer Teil der Brikettfabriken in absehbarer Zeit stillgesetzt werden musste, weil die oberflächennahen Flöze weitgehend ausgekohlt waren. Die Umstellung der Förderung auf zentrale Tagebaue, die Versorgung einiger Brikettfabriken und Kraftwerke mit Rohkohle über die Nord-Süd-Bahn sowie der Übergang zum Tieftagebau bestimmten maßgeblich die 1950er-Jahre im linksrheinischen Braunkohlenrevier.

Billigeres Importöl und später auch Erdgas verdrängten dann Briketts als Hausbrand nach und nach weitgehend vom Energiemarkt. Seit 2001 werden die handlichen, schwarzglänzenden Kamin- und Bündelbriketts oder die losen 3-Zoll-UNION-Briketts nur noch in der Fabrik „Wachtberg"/Frechen von Exter-Pressen hergestellt, wie sie 1877 erstmals in Brühl zum Einsatz kamen.

Die unter verschiedenen thematischen Schwerpunkten zusammengestellten Bilder-Sequenzen sind zum größten Teil noch nie veröffentlicht worden. Die Aufnahmen spiegeln 80 Jahre rheinische Industriegeschichte wider und ermöglichen einen Rückblick auf die Arbeitswelt an Erft und Rur.

Die Autoren danken der Unternehmensleitung der RWE Power AG (vormals Rheinbraun AG) dafür, den Bestand an historischen Fotos aus dem Zeitraum 1877 bis 1957 für diesen Bildband nutzen zu dürfen.

1

Als Briketts noch „Klütten" hießen

Der Übergang von fußbereiteten und handgeformten „Klütten" zum transportfesten, kompakten, maschinengeformten Energieträger Brikett im letzten Drittel des 19. Jahrhunderts ist fließend. Bekanntlich hat es mehrere Jahre gedauert, bis Briketts im kaiserlichen Deutschland gegen die Steinkohle einen Marktanteil gewinnen und halten konnten. Wahrscheinlich sind in den bescheidenen Tagelöhner-Katen in manchem Ville-Dorf noch bis zur Jahrhundertwende „selbst gebackene Klütten" verheizt worden.

An der Grundtechnik zur Herstellung von rheinischen Braunkohlenbriketts hat sich seit dem Einsatz von Exter-Pressen vor mehr als 125 Jahren bis heute nichts geändert. Wahrnehmbare Neuerungen betreffen allein die Umgestaltung der Arbeitsplätze im Abraumbetrieb, in der Förderung und bei der Veredelung des fossilen Rohstoffes zu elektrischem Strom. Augenfälligster Wandel im Bereich der rheinischen Bergbauindustrie ist, dass von den ehemals mehr als 35 Fabriken im Revier heute nur noch eine „unter Dampf" steht. Ihre Produktion reicht aus, die Nachfrage im In- und Ausland zu decken.

Mit nackten Füßen wurde auf dem Formplatz neben der Grube eine Mischung aus getrockneter Braunkohle und Lehm oder Ton zu einem steifen Brei verknetet. Die Masse wurde dann in blumentopfähnliche Eimer abgefüllt. Dieses Foto von der Klüttenherstellung auf der Grube „Catharinenberg" in Brühl-Badorf entstand um 1890.

Klüttenherstellung auf der Grube „Friederike" bei Brühl-Heide um 1890. In einem zweiten Arbeitsgang wurden die Formeimer umgestülpt und die angetrockneten „Klumpen" zum weiteren Trocknen im Freien in einer Schicht zwischengelagert.

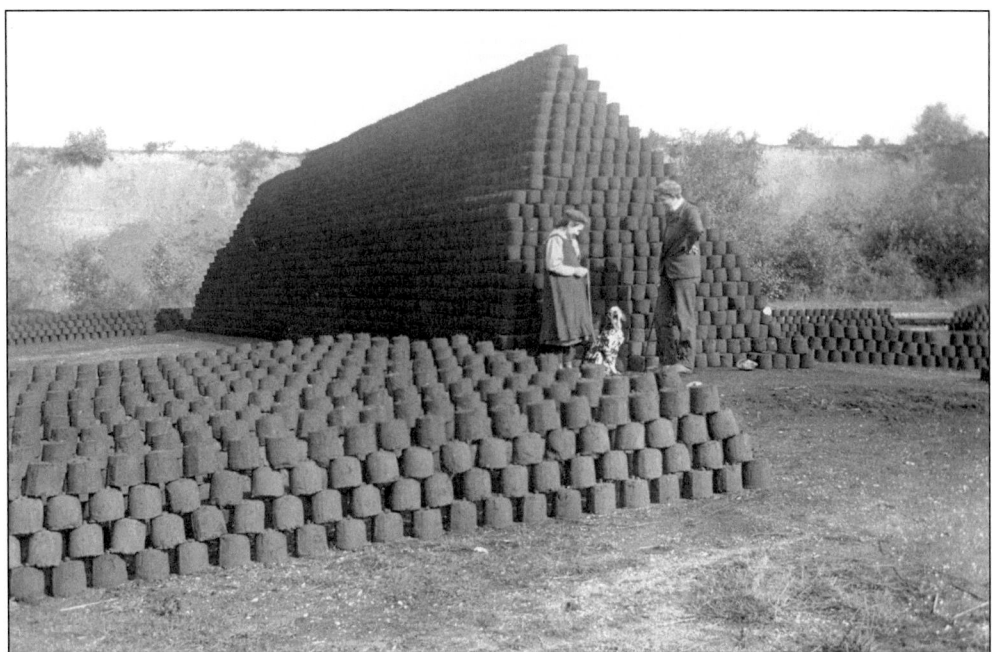

Zum endgültigen Austrocknen wurden die „Klütten" pyramidenförmig zu übermannshohen Bänken aufgeschichtet. Die witterungsbedingten Verluste der Klüttenbäcker waren sehr hoch. Das Situationsfoto entstand vor 1900 in der Grube „Catharinenberg".

Die Aufnahme aus dem Jahre 1907 vom Tagebau der Gewerkschaft „Donatus" in Liblar dokumentiert ein Stück Erdgeschichte. Man sieht den verkohlten Wurzelstock (Stubben oder Knabben genannt) eines Mammutbaumes. Steiger Johann Bollenbeck aus Brühl-Badorf posierte für den Fotografen.

In der kleinen Fabrik I der Grube „Brühl" produzierte man ab 1880 mit drei Pressen Briketts. Vorangegangene Versuche, die grubenfeuchte Braunkohle in Ziegelsteinpressen zu entwässern, brachten wenig befriedigende Ergebnisse. Zudem nahmen die Verbraucher die „Nasspresssteine" nicht an.

Die Brikettfabrik I der Gewerkschaft „Vereinigte Ville" in Hürth-Knapsack ging nach nur einjähriger Bauzeit am 29. Januar 1902 in Betrieb. Technisch war die Anlage mit Röhrentrocknern und Einfachpressen ausgestattet.

Die Brikettfabrik „Sibylla" in Benzelrath bei Frechen – hier ein Foto aus den Gründerjahren um 1890 – gehört mit zu den ältesten Werken im rheinischen Revier. Eigentümer waren der Ziegeleibesitzer Hans Simons aus Horrem und der Landwirt/Mühlenbesitzer Anton Kolping aus Buir.

Ansicht der Brikettfabriken „Fortuna I und II" im Landkreis Bergheim aus den Jahren 1904/05. In beiden Anlagen wurde die im Nassdienst aufbereitete Kohle in „Tellertrocknern" bis auf 15 bis 18 Prozent entwässert. Zum Betrieb gehörte eine eigene Ziegelei.

Die Brikettfabrik „Gruhlwerk I", vom Dach der gegenüberliegenden Werkskantine aus gesehen. Dieses „unterkühlte" Foto wurde am 25. September 1936 im Rahmen der jährlichen NS-Aktion „Schönheit der Arbeit" gestaltet.

Im „Leistungskampf der Betriebe 1939" wurde die Betriebsgemeinschaft der Brikettfabrik „Donatus" in Liblar mit dem Gaudiplom der Deutschen Arbeitsfront (DAF) ausgezeichnet. In diesem Jahr fuhren die Gefolgschafter mehr als 24 „Göring-Sonderschichten" und stellten dabei 436.609 Tonnen Briketts her.

Anlieferung eines Röhrentrockners für die Brikettfabrik „Vereinigte Ville" im Jahre 1901 mit einem Sechsspänner. Es handelt sich um einen zylinderförmigen Kessel aus Stahlblech von drei bis sechs Metern Durchmesser und etwa acht Metern Länge.

Blick in eines der Pressenhäuser der Doppel-Brikettfabrik „Concordia-Nord" in Zieselsmaar bei Kierdorf. Die schweren Dampfpressen mit zusammen 16 Brikettsträngen waren bis zur Schließung der Produktion Ende Juni 1957 in Betrieb.

In mehreren Fabriken (z.B. Beisselsgrube) wurde die Kohle nur in „Tellertrocknern" zur Brikettierung aufbereitet. Die Sicherheitsvorschriften für den Betrieb dieser Systeme waren besonders
hoch, da es bei technischen Defekten (Bruch der Rührarme, Ausfall der Transmission) sehr
leicht zu Kohlenstaubexplosionen oder Bränden kommen konnte.

Die Brikettpresse 12 der Fabrik Grube „Carl" in besseren Tagen Ende der 1950er-Jahre. Die 1995 stillgesetzte Anlage wurde teilweise abgerissen. Obwohl die restlichen Gebäude unter Denkmalschutz stehen, verrottet das Frechener Industriedenkmal zusehends.

Der Bau von modernen elektrischen Vierlingspressen war nach dem Krieg eine Spezialität des Kölner Maschinenbau-Konzerns Humboldt. In den meisten Brikettfabriken des Reviers liefen, trotz technischer Neuerungen, unverwüstliche Schubkurbelpressen aus der Maschinenfabrik Buckau bei Magdeburg.

Die pneumatische Pressenmaulentstaubung in der Brikettfabrik „Berrenrath" bei Hürth. Mit einem speziellen Abluftsystem wird verhindert, dass sich in der Raumluft hochexplosive Schwebeteilchen-Konzentrationen bilden.

Blick auf die Kohleneinfallseite der Röhrentrockner in der Brikettfabrik „Fortuna-Nord" im Jahre 1957. Die Kohle verlässt nach 20 bis 30 Minuten das dampfumspülte Röhrensystem an der so genannten Ausfallseite. Der Wassergehalt beträgt dann nur noch zwischen elf und neunzehn Prozent.

Im Nassdienst wird die vorgebrochene Kohle von den Schwingsieben über Förderbänder zu den elektrischen Hammermühlen transportiert. Hier wird sie auf die für die Brikettierung notwendige Korngröße zerschlagen. Die Aufnahme entstand am 18. März 1938 in der Brikettfabrik „Berrenrath".

Ein Großraumzug mit einer feuerlosen Lokomotive ist auf den Rohkohlenbunker der Brikettfabrik „Gruhlwerk II" gefahren. Aus dieser (Vorrats-)Anlage wurde die Kohle über ein Förderband zur ersten Aufbereitung in den Nassdienst transportiert.

Kraftwerk und Brikettfabrik „Fortuna" im Frühjahr 1935. Die Wahlplakate verweisen auf die Volksabstimmung am 1. März über die Rückgliederung des von Frankreich seit dem Versailler Vertrag verwalteten Saargebietes in das Deutsche Reich.

Bis zu ihrer Stillsetzung im März 1955 produzierte die Brikettfabrik „Brühl" an jedem Arbeitstag mit 23 Einfachpressen rund 900 Tonnen Briketts. Etwa die Hälfte davon wurde im Landabsatz vertrieben.

Dieses Foto wurde im März 1938 in der Kraftzentrale der Brikettfabrik „Vereinigte Ville" aufgenommen. Im Hintergrund erkennt man die zweistöckige Schaltbühne. Die mächtige MAN-Gegendruckturbine, Bauart Ljungström, hatte eine Nennleistung von 7.000 kW. Sie wurde 1930 installiert.

Im Maschinenhaus (Zentrale) der Brikettfabrik Grube „Carl" in Frechen-Benzelrath wurden die drei Dampfmaschinen mit je 200 PS Leistung zum Antrieb des Nassdienstes, des Trockendienstes und eines 500-V-Drehstromgenerators im Jahre 1938 durch eine AEG-Gegendruckturbine mit einer Nennleistung von 6.700 kW ersetzt. Die zweite Gegendruckturbine (links im Bild) stammt aus dem Jahre 1962.

Die Fabrik „Wachtberg I" der Braunkohlenwerke und Brikettfabrik Frechen GmbH erzeugte den elektrischen Strom für den Betrieb der Pumpen, der Fördergeräte und die Beleuchtung mit eigenen Dampfkraftmaschinen. Das Foto entstand im Jahre 1910.

Die Brikettfabrik „Fortuna-Nord" der Rheinischen Aktiengesellschaft für Braunkohlenbergbau und Brikettfabrikation (RAG) in Bergheim-Niederaußem – hier eine Aufnahme von Anfang der 1950er-Jahre – ging im September 1941 mit 16 Zwillingspressen in Betrieb. Erst 1948 konnte Fabrik II mit zwölf Vierlingspressen die Produktion aufnehmen. Die Fabrik III (Versuchsbrikett-fabrik) von 1956 verfügte nur über fünf Einfach- und eine Vierlingspresse.

Auf dem Wipperboden des Nassdienstes wurden die mit Rohkohle beladenen „Hunte" in speziellen Kippvorrichtungen entleert. Die Förderwagen mussten dann wieder – auf der Rückfahrt in die Grube – in die Kettenbahn eingehakt werden. Hier ein Foto aus der Brikettfabrik „Türnich", die bereits 1930 stillgesetzt wurde.

Zu Gunsten von Lärmbekämpfung und zusätzlicher Sicherheit waren die Schwungräder und die Transmission der Brikettpressen gekapselt. Die Pressen der Fabrik „Fortuna-Nord" werden heute nur noch bei erhöhtem Bedarf betrieben. Normalerweise reichen die Produktionsmengen der Fabrik „Wachtberg" in Frechen aus.

In den frühen Jahren der rheinischen Brikettindustrie mussten saisonbedingt größere Mengen auf Lager gesetzt, d.h. in gut durchlüfteten Schuppen gestapelt werden. Voraussetzung für eine solche Tätigkeit waren gut ausgebildete Armmuskeln. Als „Brikettjungen" wurden oft Jugendliche „angelegt", die nach einem schwachen Volksschulabschluss keine Lehrstelle fanden.

Ab 1950 wurden auf Kundenwunsch Bündelbriketts in den Heizmittelhandel eingeführt. Ein Arbeiter demonstriert in der Fabrik „Gruhlwerk II", wie eine bestimmte Menge Briketts auf den Tisch einer Maschine aufgegeben und mit einem Stahlband handlich umreift wird.

Prüfen der „Steinstärke" hinter dem Pressenmaul an einer Brikettrinne der Fabrik „Wachtberg".
Der Begriff „Stein" verweist auf die Nasspresssteine, wie sie zum Beispiel in der Frechener Fabrik
„Herbertskaul", ohne Aussicht auf größere Gewinne, einige Jahre hergestellt wurden.

Bei der Verladung von losen UNION-Briketts auf Lkw oder in Eisenbahnwaggons sind Augen-
maß für die geringste Fallhöhe des Schüttgutes und Fingerspitzengefühl für die Regulierung der
Bandgeschwindigkeit der Brikettrampen erforderlich.

Eine vollautomatische Verladeanlage ist so ausgelegt, dass sie ausgekühlte Briketts aus verschiedenen Abschnitten des Rinnenhofes der Fabrik aufnehmen kann. Wie bereits vor mehr als
125 Jahren werden Briketts größtenteils auf dem Schienenweg abgefahren.

2

Vom „Eisernen Bergmann" zum Großschaufelradbagger

Im August 1891 kam im Abraumbetrieb der Grube „Brühl" erstmals ein LMG-Dampf-Trocken-bagger vom Typ C zum Einsatz. Es handelte sich um einen umgerüsteten Excavator aus dem Schiffkanalbau in Norddeutschland. Der Abbau der Braunkohle erfolgte weiterhin im Rollloch-Verfahren von Hand.

1907 wurde der so genannte „Eiserne Bergmann" als erster Kohlenbagger im rheinischen Revier in Betrieb genommen. Damit begann die erste Phase der Mechanisierung im Bereich der Förderung, der im Laufe der Jahrzehnte weitere folgten. Je nach den Erfordernissen der Gruben wurden Tief- oder Hochbagger als Einzel- oder Doppeltorbagger eingesetzt. In drei Gruben des rheinischen Reviers liefen – wegen der günstigen Lagerstättenverhältnisse – spezielle Förder-brücken.

Der Aufschluss neuer tiefer Tagebaue nach 1950 erforderte die Entwicklung leistungsfähiger Schaufelradbagger. Geräte der ersten Generation hatten eine Förderleistung von 100.000 cbm täglich. Moderne Schaufelradbagger in den Tieftagebauen „Hambach" oder „Garzweiler" schaf-fen heute 240.000 cbm und mehr.

Das erste brauchbare mechanische Fördergerät für die Braunkohlengewinnung kam im Rheinland 1907 auf der Grube „Gruhlwerk" zum Einsatz. Der „Eiserner Bergmann", so wurde die
Maschine genannt, verfügte über einen 17,5 Meter langen Ausleger mit Schrämkette.

Ein elektrisch betriebener Abraumbagger im Jahre 1902 auf der Grube „Gruhlwerk". Für den
Abtransport der Abraummassen wurden kleine elektrische Lokomotiven eingesetzt.

Dampfgetriebene Löffelbagger – wie hier auf der „Beisselsgrube" – gehörten in den Anfangsjahren zum Geräte-Arsenal der Braunkohlenbergwerke. Das Beräumen der Braunkohlenflöze – also das Abtragen des Deckgebirges – erledigten fast ausschließlich spezialisierte Fremdfirmen.

Die Grube „Neurath" war eine der wenigen Gruben im Rheinland, in der Förderbrückenbetrieb möglich war. Für die Beräumung des Kohlenflözes war der von der Firma ATG in Leipzig entwickelten Brücke ein Eimerkettenbagger vorgeschaltet.

Die gesamte Baggerbesatzung einschließlich Betriebsführer versammelte sich am 26. Oktober 1933 am Kohlenhochbagger HW 12. Mit dabei waren Kaspar Zieren, Leo Wasch, Aloys Stoiber, Kurt Röbel, Franz Simons, Paul Lorenz, Josef Steiger, Heinrich Schlösser, Gottfried Braun, Anton Horst, Mathias Roggendorf, Heinrich Hayartz, Josef Kessenich, Josef Ziegler, Nikolaus Hünnekens, Nikolaus Schäfer, Wilhelm Knüfer sowie Betriebsführer Grabe, Oberingenieur Klein, Direktor Faßbender und der Obersteiger Feckler.

Die Grube „Brühl" im Jahre 1908 – in einem der mächtigen Flöze arbeitet der Lübecker Kohlentiefbagger 352. Deutlich sind die fossilen Ablagerungen zu erkennen.

Eine Kettenbahnantriebs- und Verteilerstation in einem Braunkohlentagebau. Mit dieser Technik werden die Förderwagen, „Hunte" genannt, zwischen Grube und Fabrik bewegt.

Nur wenige Brikettfabriken wurden über so genannte Hängeseilbahnen mit Rohbraunkohle versorgt. Hier im Bild ist die Seilbahnverbindung zwischen der Grube „Engelbert" und der Brikettfabrik „Berrenrath" zu sehen.

Im Abraumbetrieb der Grube „Vereinigte Ville" kam ab Mitte der 1920er-Jahre ein von der Firma Bleichert gebauter Brückenkabelbagger zum Einsatz. Er hatte eine Stützweite von 150 Metern und eine Ausladung von 100 Metern. Ein an einem Stahlseil befestigter Schürfkübel nahm den Abraum auf und verstürzte ihn an anderer Stelle wieder.

1931 baute die Magdeburger Maschinenfabrik Buckau für den Tagebau „Neurath" den so genannten „Europabagger". Hinter der trockenen Werks-Bezeichnung „Doppeltor-Schwenkbagger DS 1100" verbirgt sich u.a. die Angabe über den möglichen Eimerinhalt des Baggers. Den Namen „Europabagger" erhielt das Gerät, weil es für die 1930er-Jahre einzigartige Dimensionen aufwies.

Mithilfe des amerikanischen Marshall-Plans konnte der Neubau des im Tagebau „Fortuna" dringend benötigten Gleisabsetzers 731 finanziert werden. Die Aufnahme entstand am 11. Januar 1951.

Ab 1955 wurde „Fortuna-Garsdorf" als erster Tieftagebau im rheinischen Revier aufgeschlossen. Das Bild zeigt den Schaufelradbagger 255, das erste Großgerät mit einer täglichen Förderleistung von 100.000 cbm.

Noch in den 1950er-Jahre wurden Eimerkettenbagger mit Raupenantrieb gebaut. Der Eimerinhalt dieses LMG-Schwenkbaggers betrug 550 Liter und die Nennleistung lag bei 9.000 cbm/Tag. Das Foto zeigt den Bagger 102 im Abraumschnitt in der Grube „Gotteshülfe" bei Hürth im Jahre 1951.

Immer wieder kam es vor, dass die Eimerkette am Bagger riss oder die Bolzen der Baggereimer brachen. In solchen Fällen musste der Schaden an Ort und Stelle behoben werden. Hier ist im Jahre 1951 ein Reparaturtrupp der Firma Schöttle & Schuster im Tagebau Düren in schwierigem Gelände im Einsatz.

Die im Raum Frechen anstehenden Braunkohlenflöze wurden vielfach von Ton überdeckt. Auf diesem Foto vom Tagebau „Sibylla" schneidet der Schaufelradbagger 253 die Tonschicht an. Das Fördergut wurde direkt auf Staatsbahnwagen verladen und in die Steinzeugfabriken transportiert. Die Aufnahme entstand am 17. September 1952.

Nach dem Auskohlen der Braunkohlenfelder wurde das Gebiet wieder urbar gemacht. Für die Rekultivierung gab es spezielle Absetzgeräte. Das Bild zeigt den „Absetzer 740" mit einer Schüttleistung von 110.000 m³/Tag im Bereich der ehemaligen Grube „Berrenrath" bei Gleuel.

Montageplatz für den Krupp-Schaufelradbagger 201 im Tagebau „Fortuna-Nord". Das Gerät wurde 1951 gebaut und verfügte über eine Leistung von 25.000 cbm/Tag. 1957 wechselte der Bagger in den alten Tagebau „Fortuna".

3

Von der Strosse zur Presse

Als noch der Rollloch- oder Schurrenbetrieb die vorherrschende Methode bei der Gewinnung von Braunkohle war, wurden für den Abtransport kleine, zweiachsige, hölzerne Förderwagen auf Schienen eingesetzt. Diese so genannten „Hunte" mussten von Hand vom Füllort in der Grube zur Brikettfabrik geschoben werden. Mit dem langsamen Fortschreiten der Mechanisierung (Einsatz von Dampfkraft) kamen dann Kettenbahnen zum Einsatz. Dabei wurden die nunmehr eisernen „Hunte" in eine Endloskette eingehängt und über eine schiefe Ebene aus dem Tagebau bis auf den Wipperboden des Nassdienstes der Fabrik gezogen.

Ab Mitte der 1920er-Jahre stellten die Braunkohlenbergwerke im Rheinland auf Großraumförderung mit elektrischem Zugbetrieb um. Auch die für den Bergbau typischen Dampfspeicherlokomotiven – Feuerlose genannt – übernahmen auf dem weitläufigen Schienennetz der Grubenbetriebe neue Aufgaben.

Der Übergang zum Tieftagebau im Rheinischen Revier Anfang der 1950er-Jahre erforderte die Entwicklung und den Bau neuer Förder- und Transportmittel. Zudem musste der Tatsache Rechnung getragen werden, dass die Transportwege immer länger wurden. Die Förderung verschob sich nämlich maßgeblich von Süden nach Norden. 1954 begannen die Bauarbeiten an der Nord-Süd-Bahn, einer elektrischen Abraum- und Kohlenbahn. Alle entlang der Trasse liegenden Tagebaue, Brikettfabriken und Kraftwerke konnten nun – mehr oder weniger unabhängig von ihrem Standort – zentral versorgt werden.

Der Abraumbetrieb in der „Beisselsgrube" um 1900. Eingesetzt waren Eimerkettenbagger mit Dampf- und elektrischem Antrieb. Der Abtransport zur Abraumkippe erfolgte mit schmalspurigen Dampflokomotiven und Kastenkippern.

Die ersten elektrischen Lokomotiven im linksrheinischen Braunkohlenbergbau kamen 1902 in der Grube „Gruhlwerk" zum Einsatz. Diese von Siemens & Schuckert hergestellten Lokomotiven für die Spurweite 600 mm leisteten 34 PS bei einer Stromversorgung von 500 Volt Gleichstrom.

Abraumförderung in der „Beisselsgrube" in Quadrath-Ichendorf. Hierfür wurden spezielle Lokomotiven von niedriger Bauart eingesetzt, damit sie mit ihrem Wagenpark unter die Baggerbela-
dungen fahren konnten.

Die Großraumförderung in der Grube „Brühl" wurde mit Adhäsionsbahnen betrieben. Zum
Einsatz kamen schmalspurige feuerlose Lokomotiven und Großraumwagen mit 35 cbm Inhalt.
Die Lokomotiven konnten, wie hier zu sehen, an mehreren Stellen in Grube und Fabrik mit
Dampf befüllt werden.

„Gruppenbild mit Edeldame", so könnte man diese Szene beschreiben. Mitarbeiter des Bahn-betriebs „Hubertus" haben sich vor der im Jahre 1911 in der Düsseldorfer Lokomotivschmiede „Hohenzollern" gebauten Maschine in Position gebracht und warten offenbar auf die Anwei-sung des Fotografen.

Hier belädt ein Löffelbagger einen Abraumzug. Die Erdarbeiten dienten dem Bau eines Groß-raumbunkers für die Brikettfabrik „Gruhlwerk".

Bis 1906 wurden im Grubenbahnhof der Brikettfabrik „Donatus" Pferde im Rangierbetrieb eingesetzt. Dann genehmigte das Bergamt die Nutzung einer elektrischen Seilrangieranlage. Anfang der 1940er-Jahre begleiteten Grubenpferde noch einmal für kurze Zeit die schwere Arbeit der Hauer, nunmehr im Tiefbau „Donatus".

Grubenbetrieb in schwierigen Zeiten: Kriegsgefangene arbeiteten während des Ersten Weltkriegs als Gleisbaurotte in der Grube „Zukunft" des Inde-Reviers.

Eine schmalspurige, gefeuerte Lokomotive, eingesetzt im Abraumbetrieb der Grube „Schall-mauer", wird hier mit Braunkohlenbriketts bekohlt. Bei verschiedenen Lokomotiv-Typen war die Rostfeuerung für die Nutzung von Braunkohle entsprechend ausgelegt.

Ein Kohlenzug, gezogen von einer neuen Tagebau-Lokomotive, überquert die Spannbetonbrü-cke der Nord-Süd-Bahn bei Horrem. Diese Brücke über die Strecke Köln–Aachen galt in den 1950er-Jahren als größte Spannbetonbrücke Europas.

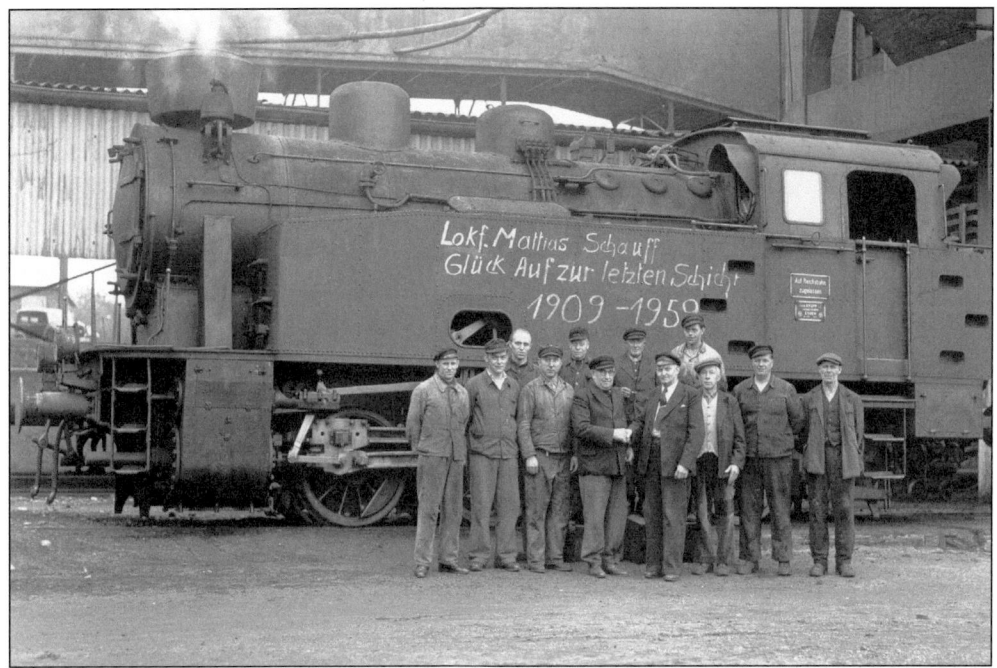

40 Jahre im Dienst der Anschlussbahn „Beisselsgrube". Dem Lokführer Mathias Schauff ein herzliches Glückauf zur letzten Schicht und zur Erinnerung ein Gruppenfoto mit den Kollegen vor der mächtigen Krupp-Lokomotive RAG 319.

Schwere, vierachsige, elektrische Lokomotiven kamen im rheinischen Braunkohlenbergbau etwa ab 1920 zum Einsatz. Ab den 1940er-Jahren wurde die Type überarbeitet. Dabei entstanden u.a. vereinfachte Bauarten wie die Kriegselektrolokomotiven (KEL).

Über die so genannte „Rather Schleife", die Verbindungsstrecke zwischen dem Tagebau „Fortuna Garsdorf" und dem Gleisdreieck Auenheim an der Nord-Süd-Bahn, rollen auch heute noch die bis zu 2.200 Tonnen schweren Kohle- und Abraumzüge. In den Anfangsjahren mussten die Lokomotivführer für die Bergstrecke ab dem Grubenbahnhof Sohle +60 Schubunterstützung anfordern.

Gruppenbild mit Werksleiter: Direktor Eberle, der Leiter der RAG-Hauptwerkstätte Grefrath, mit den Mitarbeitern der Lok-Werkstatt vor der letzten, dort reparierten schmalspurigen Lokomotive am 1. September 1949.

Förderung und Abtransport der letzten Rohkohle aus dem Feld „Hubertus" im Bereich der Gemeinde Türnich durch die Abteilung Ville der Roddergrube AG. Der Betriebsleiter der Grube „Hubertus", Benno Holtz, begleitet das Geschehen.

Der Grubenbahnhof des Tagebaus „Zukunft-West" zeigt noch beide Traktionsmittel, elektrisch und dampfbetrieben. Mit Fortschreiten des Tagebaus wurden solche Anlagen teilweise demontiert und dem Vorrücken der Bagger entsprechend an anderer Stelle neu aufgebaut.

Nach dem Ende der Förderung wurden die schmalspurigen Abraumlokomotiven der Grube „Liblar" bis zu ihrer Verschrottung „kalt abgestellt". Das Foto entstand Mitte der 1950er-Jahre.

4

Vertriebs- und Absatzwege der Braunkohle

Mit dem Bau einer Eisenbahnstrecke von Brühl-Vochem zum Rheinhafen Wesseling um 1900 konnten Briketts aus dem südlichen Braunkohlenrevier nach Süddeutschland und in die Niederlande verschifft werden. Bereits ab 1913 wurden Kübelwagen zum Brikett-Transport bzw. zur weitgehend bruchsicheren Verladung eingesetzt. Nach dem Ersten Weltkrieg kaufte die Vereinigungsgesellschaft Rheinischer Braunkohlenwerke (VERGES) von einer Duisburger Reederei Raddampfer und Schleppkähne. Als Hausflagge führte die Rheinflotte der Braunkohlenwerke einen auf Eck gestellten weißen Rhombus mit eingesetztem, brikettbraunem „B" auf orangefarbenem Hintergrund.

Im so genannten Landhandel belieferten die Brikettfabriken die lokalen Brennstoffhändler und Gewerbebetriebe in der Region. Anfangs wurden für die Abfuhr Pferdekarren eingesetzt. Mit dem Ausbau des Straßennetzes und der steigenden Nachfrage kam Lastkraftwagen beim Brikettvertrieb größeres Gewicht zu. Der alte Kinderreim „Wer hat Angst vorm schwarzen Mann?" oder die Strafandrohung: „Du kommst in den Kohlenkeller!" verloren Ende der 1950-Jahre ihre Schrecken, als in Westdeutschland das Heizöl-Zeitalter begann.

Der Seitenradschlepper „Braunkohle VI" trug die Zusatzbezeichnung „Friedrich Haschke". Mit dieser Benennung brachte die Reederei 1919 Anerkennung und Respekt vor dem Lebenswerk von Friedrich Haschke zum Ausdruck. Er hatte als Bergwerksdirektor maßgeblichen Anteil an der Gründung des ersten rheinischen Braunkohlen-Syndikats. 1921 mussten u.a. das Schiff (1350 PS) und drei Rhein-Schleppkähne als Reparationsleistung an Frankreich abgegeben werden.

1922/23 erwarb die Reederei zwei in Roßlau an der Elbe gebaute starke Raddampfer für ihre Rheinschifffahrt. Auch auf die Radkästen dieser beiden Schiffe wurden an der Backbord- und Steuerbordseite die Namen verdienter Männer der rheinischen Braunkohlenindustrie in markanten Lettern im Halbrund aufgemalt: Friedrich Haschke und F.E. Behrens. Die 1800-PS-starken Maschinen konnten bis zu neun mit Briketts oder Rohbraunkohle beladene Kähne auf Bergfahrt schleppen.

Brikettverladung im Rheinhafen Wesseling. Das Foto wurde 1936 aufgenommen. Es zeigt die Beladung eines Motorlastschiffes aus Kübelwagen mit je 15 Tonnen Fassungsvermögen.

Blick auf die Mole des Rheinhafens Wesseling im Jahre 1932. Unter Einsatz von neun elektrischen Kränen konnte ein Normalumschlag von 9.000 Tonnen pro Tag erreicht werden. An Spitzentagen konnten auch bis zu 12.000 Tonnen verladen werden.

Dieses Foto von der Brikettverladung im neuen Rheinhafen Wesseling/Godorf zeigt den Kran 3 auf der Mole des Hafenbeckens I. Im Jahre 1952 wurden mehr als 3,64 Millionen Tonnen Briketts verschifft. Die Ende der 1950er-Jahre einsetzenden Änderungen in der Energiewirtschaft – industrielle und private Verbraucher bevorzugten nunmehr Heizöl – ließen den Brikettumschlag im Rheinhafen auf rund 2,77 Millionen Tonnen zurückgehen.

Händler in Süddeutschland wurden im Hafen Karlsruhe mit UNION-Briketts aus dem Lager des Rheinischen Braunkohlen-Syndikats beliefert. Dieses Foto stammt aus der Mitte der 1930er-Jahre. Abnehmer von Würfelbriketts (60 x 60 mm, 40 mm dick) waren vorzugsweise Industriebetriebe. Sie schätzten an dem preisgünstigen Energieträger den relativ hohen Heizwert, den minimalen Schwefelgehalt und die geringe Schlacke- und Aschebildung.

Brikett-Transport der Endverbraucher. Dieses im Tessin aufgenommene Foto könnte ebenso nach 1945 in einer deutschen Stadt gemacht worden sein. Nur die ältere Generation wird sich noch an den harten Nachkriegswinter erinnern. Ein Bollerwagen voller Briketts garantierte damals Wärme. Und: „Klütten" konnte man auf dem Schwarzmarkt gegen Lebensmittel eintauschen.

Für die privaten Verbraucher in den Städten wogen die Kohlenhändler die Briketts in ihrem Lager zentnerweise ab und füllten den Hausbrand in besonders stabile Jute-Säcke. Noch bis in die 1950er-Jahre kamen die Händler vor Beginn der kalten Jahreszeit mit hochbeladenen Kohlenwagen zu ihren Kunden. Vor die schweren Karren wurden als Hafer-Motoren vorzugsweise schwere Kaltblutpferde gespannt.

In den noch von Landwirtschaft geprägten Regionen des Rheinlandes wurden die Winterbriketts lose mit dem Pferdefuhrwerk angeliefert. Vor 1900 berechnete der Kohlenhändler den Preis nach der Stückzahl. Um mutmaßlichen Betrügereien einen Riegel vorzuschieben, einigten sich als Erste die Brikettwerke im Süden des Reviers auf eine Mengenberechnung nach Zentnern.

In der Großstadt Köln gehörte die Kohlenhandlung Daniels zu den bekanntesten Gewerbebetrieben ihrer Branche. Diese Aufnahme ist in den 1920er-Jahren gemacht worden.

Der Kohlenhändler und seine Helfer. Zur typischen Arbeitsbekleidung dieser kräftigen Männer gehörte eine knielange Lederschürze. Viele „Klüttenkerle" – wie sie im Volksmund genannt wurden – waren vom ständigen Schleppen und in die Keller steigen schon in mittleren Lebensjahren invalide.

Der Abtransport der Massengüter Rohbraunkohle und Briketts war nur mit Güterwaggons zu bewerkstelligen. Wurden die „Steine" anfangs per Hand bis zu 14 Schichten hoch in Waggons gesetzt, so ging man alsbald dazu über, die in den Rinnen weitgehend ausgekühlten Briketts direkt über Förderbänder auf die Eisenbahn zu verladen. Dieses Foto – im Hintergrund erkennt man den Bahnhof Frechen – zeigt die Verladeanlage der Brikettfabrik „Clarenberg" im Jahre 1920.

Moderner Brikett-Landabsatz. Die Fabrik „Wachtberg" in Frechen ging 1901 in Betrieb und produziert heute noch als einzige von ehemals 36 Fabriken im rheinischen Braunkohlenrevier. Auf diesem Foto ist die Doppel-Verladung von 3-Zoll-Rundbriketts der Traditionsmarke UNION auf schwere Lkw zu sehen. Abnehmer sind Industriebetriebe. Bündel- und Kaminbriketts für Privatverbraucher im 7-Zoll-Format werden auf Paletten von der Deutschen Bahn landesweit verteilt.

5

Die Braunkohlenindustrie
in Kriegszeiten

Es darf als gesicherte Tatsache gelten, dass bereits im Frühherbst 1914 in den meisten rheinischen Braunkohlenbergwerken russische Kriegsgefangene arbeiten mussten. Sie wurden vorzugsweise im Abraumbetrieb eingesetzt, da für diese Tätigkeiten weitgehend kein bergmännisches Wissen erforderlich war. Erst nach 1916 wies man den Kriegsgefangenen höherwertige Tätigkeiten in der Kohlenförderung und bei der Brikettherstellung zu. Durch die zahlreichen Einberufungen zum Frontdienst konnten die Fabriken die Produktion nicht allein mit den verbliebenen deutschen Arbeitern auf hohem Niveau halten.

Auch im Zweiten Weltkrieg mussten Kriegsgefangene zu hunderten in den Tagebauen und Brikettfabriken der rheinischen Braunkohlenindustrie arbeiten. Die Dokumentation der Lebensverhältnisse in den Lagern dieser „Arbeitskommandos" beschränkt sich auf schriftliche Aufzeichnungen. Unter den Umständen der nationalsozialistischen Kriegswirtschaft und wegen möglicher Repressalien der Gestapo gibt es nur wenig Fotos von den verheerenden Folgen der alliierten Luftangriffe auf das rheinische Energiezentrum.

Die Arbeitsverhältnisse auf der Grube „Neurath" im Jahre 1916. Hier verlegen oder sichern russische Kriegsgefangene, von deutschen Soldaten bewacht, die Schienen für die Kettenbahnstrecke, auf der die „Hunte" rollen.

„Unter Gewehr" entladen russische Kriegsgefangene im Tagebau der Brikettfabrik der Gewerkschaft „Neurath" bei Grevenbroich die Holzkastenkipper eines Abraumzuges. Das Foto ist wahrscheinlich 1915 aufgenommen worden.

Mit dieser vom Fotografen Paul Roleff wahrscheinlich gestellten Aufnahme eines russischen Arbeitskommandos vor Ort sollte dem Betrachter offenbar der Eindruck vermittelt werden, dass die Kriegsgefangenen gerne auf der Grube „Neurath" arbeiteten. Der russische Offizier mit der weißen Armbinde trägt sogar noch Orden und Ehrenzeichen.

Hier posieren russische Kriegsgefangene, die als Küchenhilfen in der Kantine „Fischbach" des Braunkohlenbergwerks „Beisselsgrube" in Quadrath-Ichendorf arbeiteten. Nach Kriegsende lehnten zahlreiche Kriegsgefangene die Repatriierung ab und verheirateten sich mit deutschen Frauen.

Bei einem britischen Luftangriff auf rheinische Industriebetriebe wurden am 17. August 1941 auch die Kraftwerke „Fortuna I und II" getroffen. Bombensplitter hinterließen im oberirdischen Luftschutzbunker gegenüber der Portierloge markante Spuren.

Am 17. April 1942 hielten Metalldetektoren in der Brikettfabrik „Vereinigte Ville" den Aufzug B zum Rohkohlen-Großraumbunker an: Eine nicht explodierte 250-kg-Bombe konnte geborgen und entschärft werden.

Bei einem Luftangriff am 28. Oktober 1944 wurden die Industriebetriebe in Hürth-Knapsack schwer getroffen. Im Hintergrund sieht man die Schornsteine 11, 8 und 7 des Goldenberg-Werks und in der Bildmitte die beiden Schornsteine und das völlig zerstörte Kesselhaus des Kraftwerks der AG für Stickstoffdünger. Die Anlage (Werk B II) hatte das RWE gepachtet.

Die alliierte Luftoffensive in der zweiten Jahreshälfte 1944 richtete sich u.a. auch gegen die bis dahin weitgehend verschonten Kraftwerke im Rheinland. Bis zu 80 Prozent der Industrie-betriebe in Knapsack wurden im November 1944 zerstört. Von links nach rechts sieht man das Schalthaus des 1938 bis 1941 gebauten Hochdruckkraftwerks der Brikettfabrik „Vereinigte Ville", elf Schornsteine des RWE-Goldenberg-Werks und zerstörte Werkswohnungen.

Beim Vormarsch der amerikanischen Bodentruppen von der Rur zum Rhein im Februar/März 1945 durchschlug eine Artilleriegranate einen Schornstein der Brikettfabrik „Concordia-Nord".

Völlig zerstört wurde 1944 auch die Eisenbahn-Verladung der Brikettfabrik „Vereinigte Ville II". Die Fabrik war erst 1904 in Betrieb gegangen.

Nur noch ein Gewirr aus verbogenen Stahlträgern und Eisenbahnschienen blieb von der Bekohlungsanlage der Brikettfabrik „Vereinigte Ville" der Roddergrube AG für das benachbarte RWE-Kraftwerk übrig. Ein spezieller Liefervertrag zwischen RWE und Roddergrube sicherte die Versorgung mit Braunkohle auf 90 Jahre.

Großkalibrige Bomben und Luftminen pflügten im November 1944 den Grubenbahnhof der Brikettfabriken „Vereinigte Ville" am Fuchskaulenweg in Knapsack metertief um. Die alliierte Luftoffensive richtete sich gegen Schienenwege und Nachschubeinrichtungen.

Ein Treffer zerstörte auch diese Henschel-Lokomotive. Im Hintergrund sieht man die Brikettfabriken „Vereinigte Ville I und II".

Dieses Foto entstand 1944 in der Brikettfabrik „Hubertus" in Brüggen in der früheren Gemeinde Türnich. Die Geschütze gehörten möglicherweise zum „Erft-Riegel", einer Verteidigungsstellung der Wehrmacht am Westhang des Vorgebirges. Nicht auszuschließen ist auch, dass Nachschub zur Vorbereitung der Ardennen-Offensive im Dezember 1944 zur Tarnung in der Fabrik untergestellt wurde.

6

Strom aus Braunkohle

Im April und Juni 1910 schloss die Rheinische Aktiengesellschaft für Braunkohlenbergbau und Brikettfabrikation (RAG) mit dem Landkreis Bergheim und der Stadt Köln Stromlieferungs-verträge über zunächst 30 Jahre ab. Kurz danach gründete die RAG als Tochtergesellschaft die Rheinische Elektrizitätswerk im Braunkohlenrevier AG (REW). Bereits ein Jahr später wurde elektrischer Drehstrom in die Kabelnetze eingespeist.

Die Rheinisch Westfälische Elektrizitätswerk AG (RWE), im April 1898 in Essen gegrün-det, hatte 1906 die Aktienmehrheit an der Zentrale „Berggeist" bei Brühl, dem ersten Braun-kohlenkraftwerk im rheinischen Revier, erworben. Damit gewann das Unternehmen aus dem Ruhrgebiet ein Standbein in der Energieerzeugung aus rheinischer Braunkohle. Die RWE-Groß-aktionäre Hugo Stinnes und August Thyssen bestimmten in den folgenden Jahren die weitere Entwicklung der Kohle-Veredelung zu Strom maßgeblich. Ab 1914 lieferte das erste RWE-Braun-kohlengroßkraftwerk Vorgebirgszentrale (später Goldenberg-Werk) in Hürth-Knapsack elektri-schen Strom u.a. in die Landkreise Rheinbach, Euskirchen und Köln-Land.

Blick auf das kleine Braunkohlenkraftwerk „Berggeist" bei Brühl im Jahre 1899. Die Anlage wurde über eine schiefe Ebene mit einer Kettenbahn mit Rohkohle aus dem Tagebau versorgt.

Um 1900 verlegte ein Bautrupp des Kraftwerks „Berggeist" ein elektrisches Kabel. Zu diesem Zweck wurde im Vorgebirgsort Bornheim die Obere Königstraße aufgegraben.

Ein normalspuriger (1.435 mm) Güterzug der Anschlussbahn vor den architektonisch eindruckvoll gestalteten Fassaden des Braunkohlenkraftwerks „Fortuna I". Dieses Foto ist ein Abzug von einer mit lichtempfindlichen Chemikalien beschichteten Glasplatte. Die Aufnahme dürfte Anfang der 1920er-Jahre entstanden sein.

Blick auf die Schaltbühne im Leitstand des Kraftwerkes „Fortuna I". Hier wurde auch der Eigenbedarf an elektrischer Energie für den Betrieb der Grundwasserpumpen oder der Bagger gesteuert und protokolliert. Das Foto dürfte um 1915 aufgenommen worden sein.

Ab Sommer 1910 wurden Drehstrom-Erdkabel vom Kraftwerk „Fortuna I" zur Schaltanlage in Köln-Ehrenfeld auf dem Gelände des städtischen Gaswerks verlegt. Ein weiteres Kabel der Firma Felten & Guilleaume stellte eine Verbindung zum RAG-Drehstrom-Grubenkraftwerk „Louise" bei Türnich her.

Der Wasserturm (Hochbehälter) der Bergheimer Kreiswerke in der Bergarbeitersiedlung „Fortuna" diente allein der Trinkwasserversorgung im Nordosten des Landkreises Bergheim. Hinter der stilvollen Backstein-Fassade aus dem Jahre 1905 verbarg sich ein 400-cbm-Reservoir. Nach der Umsiedlung der Einwohner des Ortes Oberaußem-Fortuna in den 1980er-Jahren wurde auch das Wahrzeichen der um 1900 gegründeten Bergarbeitersiedlung gesprengt.

Außenansicht des Wasserwerks Kenten um 1922. Durch die etwa 2,5 Kilometer lange Versorgungsleitung flossen bis zu 750 cbm Grundwasser zum Kraftwerk „Fortuna II".

Blick in den Pumpenkeller des Wasserwerks Kenten bei Bergheim. Die Anlage versorgte das Kraftwerk „Fortuna II" mit Kühlwasser. Drei elektrische Pumpen förderten aus etwa 20 Meter Tiefe je 250 cbm pro Stunde. Später wurde das Wasserwerk um eine Pumpe erweitert, die 500 cbm je Stunde leistete.

Die Bauarbeiten für das Kraftwerk „Fortuna III" begannen 1953. Zwei Jahre später konnten die Blöcke 3 und 4 mit einer Leistung von je 100 Megawatt in Betrieb genommen werden. Die Blöcke 1 und 2, in den Jahren 1956/57 fertig gestellt, leisteten bereits je 150 Megawatt.

Das Braunkohlenkraftwerk „Zukunft" in Weisweiler bei Düren wurde 1927 von RWE erworben. Über eine 220-kV-Leitung war das Kraftwerk im Inde-Revier ab 1942 mit Steinkohlekraftwerken in den von der Wehrmacht besetzten Nachbarländern Belgien und Holland verbunden. Die alte Anlage der Braunkohlen-Industrie-AG (BIAG) an der Autobahn Aachen–Köln wurde Anfang der 1960er-Jahre durch einen Neubau („Weisweiler I") ersetzt.

Für die Anschlüsse der Stromverbraucher führte man in den Dörfern wie in den Städten die Leitungen von den Starkstrom-Transformatoren auf Gittermasten an die Gebäude heran. Oft kam es zu technischen Problemen, weil bei der Verlegung der Kabel Hoheitsrechte der Deutschen Reichspost (Telefon/Telegrafie) zu beachten waren. Auf diesem Foto von 1906 bereiten Arbeiter elektrische Installationen in der Hauptstraße von Langerwehe bei Düren vor.

Viele regionale Industrieaufnahmen aus den ersten beiden Dekaden des 20. Jahrhunderts tragen die künstlerische Handschrift des Erftland-Fotografen Paul Roleff. Der ursprünglich in Köln ansässige Meister hatte sein Atelier in Quadrath-Ichendorf. Auf diesem Foto sitzt Roleff (rechts) im Jahre 1911 zusammen mit dem Schornsteinbaumeister in 85 Metern Höhe auf dem Kaminrand des Kraftwerks „Fortuna I".

Im Volksmund hieß es: „In Knapsack werden die Wolken gemacht!", wenn das RWE-Kraftwerk „Goldenberg" auf Voll-Last fuhr. Das Werk erhielt seinen Namen im Gedenken an den 1917 im Alter von nur 44 Jahren verstorbenen Direktor Bernhard Goldenberg, einen technischen Berater des Ruhr-Industriellen Hugo Stinnes.

Dieses Foto aus dem Jahre 1934 dokumentiert den Ausbau des Goldenberg-Werks zum größten Energieproduzenten im südlichen Braunkohlenrevier. Unter der Bezeichnung „Die 12 Aposteln" waren die mächtigen Schornsteine der Kesselhäuser weit über die Kölner Region hinaus bekannt. Im Vordergrund ist ein Teil der Werkssiedlung „Kolonie Berrenrath" mit abgelichtet worden.

Blick in die mächtige Turbinenhalle des Kraftwerks „Fortuna". Die inzwischen veraltete Anlage musste in den 1980er-Jahren dem Tagebau „Bergheim" weichen.

Das (alte) Kraftwerk „Frimmersdorf" im Norden des Reviers gehörte zur 1921 gegründeten Niederrheinischen Braunkohlenwerke AG (NBW) in Rheydt. 1936 gewann das RWE auch hier
eine Mehrheitsbeteiligung. Das Foto zeigt das Kraftwerk im Jahre 1952. Zehn Jahre später wurde
die Anlage bis auf wenige Gebäude abgebrochen.

Nach dem Bau der Nord-Süd-Bahn als „Kohlensammelschiene" von Frimmersdorf bei Grevenbroich nach Hürth-Knapsack Mitte der 1950er-Jahre wurde in mehreren Abschnitten das Kraftwerk „Frimmersdorf II" in 150-Mega-Watt-Blockbauweise errichtet. Bei dieser neuen Technik
speist nur je ein Kessel eine Turbine. Die gesamte Braunkohlenkraftwerkskapazität der RWE
AG betrug Anfang der 1960er-Jahre 3.000 Megawatt. Das Foto entstand im Jahre 1962.

7

Ausbildung und Fürsorge

Seit Anfang der 1920er-Jahre bildeten die Bergwerksgesellschaften ihren Facharbeiternachwuchs weitgehend selbst aus. Zu diesem Zweck wurden in den Betrieben nach und nach Lehrwerkstätten eingerichtet. Hier vermittelte man den Schulabgängern in einer mehrjährigen Lehre in einem handwerklichen Beruf als Schlosser, Dreher oder Elektriker technisches Fachwissen. So konnten sie später beispielsweise dabei helfen, einen Bagger zu reparieren, schadhafte Grubenlokomotiven wieder fahrbereit zu machen oder die elektrischen Anlagen der Wasserhaltung am Rande der Tagebaue instand zu halten.

Im nationalsozialistischen Deutschland wurden die Lehrlinge als künftige „Arbeiter der Faust" in die jährlichen Reichsberufswettkämpfe eingebunden. Als Mitglieder der Hitlerjugend (HJ) genossen sie eine Vorzugsbehandlung. Über die Grenzen des Kreises Bergheim hinaus bekannt war die Segelfluggruppe der Lehrlinge in der Hauptwerkstatt (HW) Grefrath.

Ab 1949, nach der weitgehenden Normalisierung der Verhältnisse in Westdeutschland, galt die Fürsorge der Braunkohlengesellschaften und Werksleitungen den Kindern der Belegschaftsmitglieder. Mit vierwöchigen Erholungsaufenthalten in unternehmenseigenen Heimstätten konnten die oft schweren Nachwirkungen der Kriegs- und Nachkriegsjahre auf die jüngere Generation gemildert werden. So erholten sich z.B. in Iversheim bei Münstereifel jährlich bis zu 1.000 Kinder.

Die „lustigen Lehrlinge" der Werkstatt der Brikettfabrik „Vereinigte Ville I" in Hürth am Ende ihrer Ausbildungszeit. Erst ab den 1920er-Jahren war es in den rheinischen Landkreisen Pflicht, regelmäßig am theoretischen Unterricht in einer Berufsschule teilzunehmen.

Für dieses Foto stellten sich die Lehrlinge des Jahrgangs 1927/28 mit ihren Meistern in der Hauptwerkstatt Grefrath der Rheinischen Aktiengesellschaft für Braunkohlenbergbau und Brikettfabrikation zusammen. Chef der HW war damals Direktor Eberle.

Einige Jahr später sah es in der Lehrwerkstatt der HW Grefrath ganz anders aus. Der von der nationalsozialistischen Deutschen Arbeitsfront (DAF) initiierte „Reichsberufswettkampf der deutschen Jugend" war gezielte Herausforderung und weltanschauliche Beeinflussung zugleich.

Angehende Schlosser und Feinmechaniker lernten zunächst den Umgang mit der Feile. Die Kanten des in den Schraubstock eingespannten Werkstücks mussten millimetergenau bearbeitet werden. Auch dieses Foto wurde Mitte der 1950er-Jahre in der Lehrwerkstatt BIAG „Zukunft" gemacht.

Stolz präsentieren sich die Mitglieder der Hitlerjugend im Sommer 1937 vor der noch unbespann-
ten „RAG II". Wer mit dem Gerät fliegen wollte, musste eine A- und drei B-Prüfungen ablegen.
Das Baumuster für den später mehrfach veränderten und verbesserten Schulgleiter „Zögling" hatten die bekannten Segelflieger Alexander Lippich und Fritz Stramer 1926 entwickelt.

Ein Schlag Erbsensuppe aus dem großen Topf! Daneben bot die Hitlerjugend mit Gelände-
spielen, Lagerfeuerromantik, Uniformen, Trommeln, Fanfaren und geheimnisumwitterten Auf-
nahme-Riten für viele Jugendliche eine reizvolle Alternative zu den oft ärmlichen Verhältnissen
in den Bergarbeitersiedlungen. Das Foto entstand im Juli 1939. Wenig später überfiel die Wehrmacht auf Befehl Hitlers das Nachbarland Polen.

Im Juli 1939 wurde für die Flieger-HJ der Hauptwerkstatt Grefrath ein Trainingslager in Wiesbaum bei Brück an der Ahr organisiert. Auf dem Foto treten die Ikarus-Jünger zum Essenfassen an.

Die Deutschen Arbeitsfront (DAF) organisierte den „Reichsberufs-Wettkampf" der Werktätigen. Nationalsozialistische Musterbetriebe wurden mit der „Goldenen Fahne" der DAF ausgezeichnet. Das Foto wurde in der HW Grefrath aufgenommen.

Die Altersgruppe der sechs- bis zehnjährigen Jungen scheint die starken Hände von zwei Betreuerinnen benötigt zu haben. Hier stehen die kleinen Rabauken brav in Pantoffeln, als könnten sie kein Wässerchen trüben.

Die Mädchen im Alter zwischen zehn und vierzehn Jahren trugen – wie es damals noch Mode war – die Haare zu Zöpfen geflochten. In Bad Kreuznach an der Nahe unterhielt die RAG das Kinderheim „Theodorshall".

Die „Küchenfeen" des RAG-Heims in Iversheim bei Münstereifel kümmerten sich um das leibliche Wohl der Kinder von Betriebsangehörigen. Vier Wochen fern von Mutters Rockzipfel lernten die Heranwachsenden auch, sich in einer größeren Gemeinschaft zu orientieren und in manchen Bereichen selbstständig zu werden.

Zufriedene Gesichter bei den Jungen zwischen zehn und vierzehn Jahren. Heute noch im Kinderheim zur Erholung, morgen vielleicht schon als Lehrling in einer Betriebswerkstatt der Braunkohlenindustrie. Nicht selten waren bereits Großvater und Vater über Jahrzehnte im selben Brikettwerk „auf Schicht".

Für dieses Foto haben sich die Mädchen zwischen sechs und zehn Jahren mit ihrer Ferienbetreuerin auf der Treppe des Kinderheims Iversheim aufgestellt. Bis zu 45 Kinder konnte das Heim aufnehmen. Die zur Roddergrube AG gehörenden Braunkohlenwerke boten ihren Belegschaftsmitgliedern an, ihre Kinder im Heim „Ahrhütte" ein bisschen „aufpäppeln" zu lassen.

Die schwere Arbeit in der Lokomotiv-Werkstatt forderte den angehenden Kesselschmieden vollen Körpereinsatz ab. Auch das Nietenschlagen gehörte zur Ausbildung.

8

„Glückauf, Glückauf, der Steiger kommt ...!"

Arbeitsplätze in der rheinischen Braunkohlenindustrie genossen in der bürgerlichen Öffentlichkeit des 19. Jahrhunderts kein hohes Ansehen. Die körperlich schwere Arbeit bei unterschiedlichen Witterungsbedingungen galt als besonders schmutzig und im „Gedinge" schlecht entlohnt. Wirtschaftlich besser gestellt waren die leitenden Angestellten (z.B. Steiger), die so genannten „Beamten".

Die Unternehmensführungen waren – bei anhaltendem Arbeitskräftemangel – darauf bedacht, ihre Belegschafter (zwischen 1933 und 1945 hießen sie Gefolgschaften) durch Vergünstigungen langfristig an die Betriebe zu binden. Dazu gehörten Brikett-Deputate, zentraler Bezug von Einkellerkartoffeln, Werkswohnungen, Gratifikationen und Erholungsaufenthalte für Bergarbeiterkinder.

Manche Familiennamen weisen heute darauf hin, dass die Vorfahren als Bergmänner in Schlesien und Polen oder in Holland, Italien und auf dem Balkan zunächst als Saisonarbeiter angeworben wurden und dann im Rheinland eine neue Heimat fanden.

Auf diesem Foto von 1897 sind Mitglieder des Brühler Knappschaftsvereins abgebildet. Diese bergbauspezifische Kasse erstattete im Krankheitsfall Behandlungskosten und gewährte bei Invalidität oder Tod des Familienernährers Versicherungsleistungen. 1842 zählte die Knappschaft bereits 941 Mitglieder.

Döring & Lehrmann unterhielten über lange Jahre eine eigene Reparaturwerkstatt im Revier. Die in Helmstedt beheimatet Firma, die ursprünglich auf militärischen Festungsbau spezialisiert war, wurde von zahlreichen rheinischen Bergwerksunternehmen mit dem Abräumen des Deckgebirges über den Braunkohlenflözen beauftragt.

Die Fabrik „Concordia-Süd" in Liblar wurde nach knapp 40-jähriger Betriebszeit im Mai 1938 stillgesetzt. Als das Foto von Belegschaftsmitgliedern im Jahre 1926 entstand, verfügte die benachbarte Hubertus AG bereits über sämtliche Kuxe der 1899 gegründeten Gewerkschaft.

Gruppenfoto mit Direktor Piatscheck (zweite Reihe, Sechster von links) von den Brikettfabriken „Vereinigte Ville" bei seiner Verabschiedung am 1. Oktober 1903 in Hürth-Knapsack.

Dieses Foto zeigt eine Arbeiterkolonne im Abraumbetrieb der Grube „Neurath" um 1910. Die Männer könnten beim Gleisrücken eingesetzt worden sein. Vielleicht sind es Arbeiter aus Südeuropa, die nur in den Sommermonaten beschäftigt wurden.

Betriebsdirektor Fassbender, die Steiger Hering und Klein sowie Obermeister H.W. Grabe inspizieren vor Ort den Fortgang der Arbeiten in der Grube „Sibylla" bei Frechen. Als Aufnahmedatum ist der 26. Oktober 1933 angegeben.

Ein ungewöhnliches Bilddokument aus dem rheinischen Braunkohlenrevier in den 1940er-Jahren zeigt Kohlenhauer in der Grube „Donatus" in Liblar. Das Anfahren von Braunkohlenflözen im Tiefbau wurde 1951 als technisch möglich, aber nicht rentabel beendet.

Die Grubenfeuerwehr Grefrath war bei Unglücksfällen schnell zur Stelle. Zur Ausbildung gehörte auch der Gasschutz.

Die Bekämpfung der Folgen von Kohlenstaubexplosionen oder das Löschen von Flözbränden gehören zum Aufgabenbereich der Grubenwehren im Revier. Auf diesem Foto sind die Florians-jünger der BIAG „Zukunft Weisweiler" mit ihrem Gerätewagen in den 1950er-Jahren zu sehen.

Außerhalb der üblichen Bürostunden übernahm der Pförtner den Telefondienst.

Pförtner Wilhelm Servos ging nach 29-jährigem Dienst auf der Grube „Wachtberg" in Frechen 1952 in den wohlverdienten Ruhestand.

Blick in die Telefonzentrale eines rheinischen Braunkohlenwerks. Alle ein- und ausgehenden Anrufe mussten damals noch von Hand vermittelt werden. Das Foto stammt aus den 1950er-Jahren.

Die letzte Schicht in der Brikettfabrik „Brühl" im Frühjahr 1955. Auf diesem Foto sind u.a. die Belegschafter Hans Reith, Matthias Nohlen, Fritz Vogt, Franz Gehlen, Kaspar Strauf, Willi Kurth, Hans Piel, Wilhelm Henseler und Josef Terzan zu sehen.

Der Direktor der Erftbergbau AG, Kersting (links), im Gespräch mit Belegschaftern in Kierdorf. Im Hintergrund sind Gebäude der Brikettfabrik zu sehen.

Schnappschuss aus der Brikettfabrik „Neurath", Anfang der 1950er-Jahre. Aus diesem markanten Gesicht eines Braunköhlers sprechen Zuverlässigkeit und Ruhe.

9
Erst die Arbeit, dann das Vergnügen

Die zunehmende Mechanisierung im Braunkohlenbergbau machte eine Neuordnung der einzelnen Arbeitsschritte erforderlich. Zu Zeiten der Handarbeit war die Abraumbeseitigung weitgehend von jahreszeitlichen Bedingungen und den Lichtverhältnissen abhängig. Die Ausweitung der Brikettproduktion hing von der kontinuierlichen Zufuhr von Rohbraunkohle aus der Grube ab. Um die Rentabilität der eingesetzten Maschinen sicherzustellen, musste etwa ab 1900 in den Fabriken und Tagebauen an Werktagen in Tag- und Nachtschicht gearbeitet werden. Die Sonn- und Feiertagsarbeit im durchlaufenden Schichtbetrieb wurde in politischen Krisenzeiten eingeführt und später in Arbeitszeitordnungen (AZO) festgeschrieben.

Je fester die Arbeiter in bestimmte Arbeitsabläufe eingebunden waren, desto mehr Bedeutung gewann die arbeitsfreie Zeit. Sicherlich nicht ganz uneigennützig boten die Unternehmen bereits früh ein breit gefächertes, organisiertes Feierabend- oder Freizeit-Angebot an, um die körperlichen und sozialen Belastungen der Schichtarbeit zu mildern.

Beliebtes Ausflugsziel der Bahnreisen der nationalsozialistischen Freizeit-Organisation „Kraft durch Freude" war das Städtchen Remagen am Rhein. Auf dem Bahnsteig wurde eine Postkarre zur Beförderung von „liebenswerter Fracht" umgenutzt.

Die DAF-Untergruppierung „Kraft durch Freude" (KdF) – 1933 gegründet – organisierte in den Sommermonaten die Dampferfahrten der Gefolgschafter in die kleinen Weinorte am Rhein. Dieses Foto von Beschäftigten in der Hauptwerkstätte Grefrath wurde 1938 aufgenommen.

Zu den Dampferfahrten waren oft auch die Ehefrauen der Gefolgschafter eingeladen. Diese Ausflüge waren sehr beliebt. Die Kosten übernahm die DAF.

Dieses Gruppenfoto entstand bei einem Zwischenaufenthalt der Belegschaft in Remagen.

Im Juli 1937 fand in Düsseldorf die nationalsozialistische Propaganda-Ausstellung „Schaffendes Volk" statt. Wahrscheinlich organisierte die DAF auch diese Betriebsausflüge. An Bord der Rheindampfer unterhielten die Werkskapellen die Gefolgschaften mit flotten Weisen.

Die Kosten für Kartoffelsalat, Würstchen und eine Flasche Bier wurden aus der Gemeinschaftskasse der DAF-Betriebsgruppe gezahlt.

Die nationalsozialistische Deutsche Arbeitsfront (DAF) übernahm ab 1933 auch die Ausrichtung der Arbeitsjubiläen in den Betrieben. Auf diesem Foto von 1936 haben sich neben den Jubilar Vertreter der „Werkschar" der Brikettfabrik „Liblar" gestellt.

Früher wie heute sind Bagger eine beliebte Kulisse für ein Foto mit den Arbeitskollegen. Aus Anlass ihrer 25-jährigen Betriebszugehörigkeit erhielten die Beschäftigten bis in die 1920er-Jahre ein Geldgeschenk und eine Taschenuhr, später nur noch eine Urkunde und einen Händedruck des Gefolgschaftsführers als Dank für geleistete Arbeit.

Das Carlsbad in der Brühler Kurfürstenstraße stiftete Carl Gruhl, der Mitbegründer der Rheinischen Aktiengesellschaft für Braunkohlenbergbau und Brikettfabrikation. Das Foto wurde um 1935 aufgenommen. Die heutige Bezeichnung KarlsBad erinnert nicht mehr an den großen Mäzen der Schlossstadt.

Am 7. Mai 1938 spielten die Feldhandball-Mannschaften der RAG-Hauptverwaltung Köln und der Hauptwerkstätte Grefrath gegeneinander. Über den Ausgang der Begegnung ist nichts mehr bekannt.

Blick in die Bibliotheksräume der RAG-Hauptverwaltung in Köln im Jahre 1939.

Ein Foto aus der Nachkriegszeit von der Werksbibliothek der Brikettfabrik „Neurath". Bücher und Zeitschriften waren geschätzte Feierabend-Lektüre. Das Fernsehen steckte noch in den Kinderschuhen.

Schach-Freunde durften im Sitzungssaal der RAG-Hauptverwaltung in Köln Blitzturniere veranstalten. Am 12. Januar 1939 waren die Schachfreunde der Gesellschaft „Colonia" zu Gast.

Noch Anfang der 1950er-Jahre gaben bekannte Kölner Künstler auch Vorstellungen auf dem platten Land. Auf diesem Foto sieht man eine Szene aus dem Stück „Anton zieh die Bremse an!" mit Willy Millowitsch, das am 7. November 1953 im „Saal Lott" in Kerpen-Brüggen aufgeführt wurde.

Karnevalssitzung der Belegschaft „Hubertus" in Brüggen Ende der 1950er-Jahre. Der Name des Büttenredners konnte nicht festgestellt werden.

Karnevalssitzung der „jecken" Gefolgschafter im Gemeinschaftsraum der RAG-Hauptwerkstätte Grefrath Anfang der 1940er-Jahre. Vor Beginn des närrischen Treibens nahm der Elferrat ein Probesitzen vor.

Am Kriegerdenkmal der Brikettfabrik „Hubertus" stellten sich die Mitglieder des gleichnamigen Werkschores dem Fotografen. Dieses Foto stammt aus dem Jahre 1956.

„Singe, wem Gesang gegeben!", dichtete Ludwig Uhland. Frei nach diesem Motto versammelten sich die Mitglieder des Werkschors der Erftbergbau AG im Februar 1956 zur Probe mit Klavierbegleitung.

10

Alte Heimat – Neue Heimat

Bis etwa 1939 blieb der Braunkohlenabbau im rheinischen Revier auf den vergleichsweise dünn besiedelten Raum der Ville begrenzt. Der steigende Bedarf an elektrischer Energie in der Bundesrepublik Deutschland und der Einsatz neuer technischer Fördergeräte im Tieftagebau bewirkten jedoch ab 1950 eine bislang nicht gekannte Inanspruchnahme von Siedlungs- und Kulturraum.

Im Städtedreieck Köln – Aachen – Mönchengladbach begann auf Kosten der bergbautreibenden Gesellschaften eine auf Jahrzehnte angelegte Umsiedlungsmaßnahme der Einwohner kleinerer ländlicher Orte. Für viele Menschen brachte der Verlust der „alten Heimat" mit ihren gewachsenen sozialen Strukturen oft erhebliche Probleme mit sich. Die jüngere Generation sah in der „neuen Heimat" eher die „gestalterische Chancen zur Neuordnung" des künftigen Lebensraumes und eine Verbesserung der Lebensqualität.

Die Ortschaft Bottenbroich bei Türnich – im Rheinland einst ein beliebter Marien-Wallfahrtsort – war mit ihren fast 1.000 Einwohnern der erste Ort im Revier, der bis 1953 geschlossen umgesiedelt wurde. Es folgte alsbald Berrenrath bei Gleuel, das dem Tagebau „Gotteshülfe" weichen musste. Mitte der 1950er-Jahre mussten – im Zuge der beginnenden Großraumförderung – auch die Einwohner von Benzelrath der Abrissbirne und den Baggern weichen. Sie fanden größtenteils in Frechen und Umgebung ein neues Zuhause.

Die alten Ville-Dörfer Grefrath und Habbelrath standen auf abbauwerter Braunkohle. Ihre Einwohner erhielten ab 1957 neuen Siedlungsraum auf bereits ausgekohltem Gelände in unmittelbarer Nachbarschaft zum Zentraltagebau Frechen. Auf diesem Foto ist die Heidhofstraße in Habbelrath (alt) zu sehen.

Auch die Häuser am Boisdorferweg in Habbelrath (alt) wurden abgerissen. Ein Teil der mehr als 1.600 Einwohner machte die ursprünglich geplante geschlossene Umsiedlung nicht mit. Die meisten wollten aber in der vertrauten Nähe „ihres Werkes" (Brikettfabriken, Hauptwerkstatt der RAG) bleiben.

Wegen der Erweiterung des Tagebaus „Sibylla" am Ortsausgang Frechen musste die Dürenerstraße von Benzelrath nach Grefrath und weiter nach Horrem verlegt werden. Für die Bau-
maßnahme standen Fördermittel aus dem Marshall-Plan zur Verfügung. Der amerikanische
Außenminister George C. Marshall hatte im Juni 1947 ein Finanzprogramm für die wirtschaft-
liche Erneuerung Europas (ERP) nach dem Zweiten Weltkrieg angekündigt.

Blick in die Grube „Grefrath". Ein Eimerkettenbagger mit Schwenkband verkippt Abraum. Das
Foto wurde Ende der 1950er-Jahre aufgenommen.

Das Haus von Leo Cremer in Alt-Benzelrath, Auf dem Broich 73. Das Foto entstand am 14. September 1953. Am Ende der Straße parkt ein VW-Käfer mit Brezel-Heckscheibe.

Die Südseite der ehemaligen Burg Benzelrath bei Frechen. Das Foto wurde am 14. September 1953 aufgenommen. Die Umsiedlung der rund 400 Einwohner war Ende 1956 abgeschlossen.

Dieses Foto von der Burg Aldenrath entstand im Dezember 1934. Zwei Jahre später wurden das Hofgut und die 15 umliegenden Häuser niedergelegt, um den Tagebau „Berrenrath" aufzuschließen. Die 80 Einwohner fanden in Gleuel eine neue Heimat. Kurz darauf mussten auch die etwa 60 Einwohner der benachbarten ländlichen Siedlung Ursfeld ihre Heimat verlassen.

Dieses Foto aus den 1920er-Jahren dokumentiert die dörflichen Verhältnisse im Arbeiterwohnort Bottenbroich (alt). Die Straßen waren nur mangelhaft für Pferdefuhrwerke befestigt und es gab noch keine Kanalisation für Schmutzwasser.

Die bereits 1935 beschlossene, aber erst 1951 abgeschlossene Umsiedlung der Einwohner von Bottenbroich war notwendig geworden, weil die Abbaukanten der Tagebaue im mittleren Revier weiter nach Westen vorrückten. Diese erste Verlagerung eines ganzen Ortes (172 Anwesen) fand im Rheinland besondere Beachtung. Auf diesem Foto von Bottenbroich sind die neuen Wohnhäuser im Bereich Horremerstraße und Königsdorferstraße abgebildet.

Auch ein großer Teil des Neubauprogramms zur Umsiedlung von Bottenbroich in der Gemeinde Türnich auf die Höhen oberhalb von Horrem (Siedlung Holzhausen) wurde mit Geldern aus dem Fonds des European Recovery Program gefördert. Zu den Mehrfamilien-Reihenhäusern, die in den 1950er-Jahren errichtet wurden, gehörten die für die Nachkriegszeit typischen kleinen separaten Wirtschaftsgebäude, z.B. Gemeinschaftswaschküchen oder Nutztierställe.

Das alte Berrenrath, begünstigt durch seine zentrale Lage, war seit den Gründerjahren der Braunkohlenindustrie und der Entwicklung des Chemiestandortes Knapsack ein beliebter Arbeiterwohnort. Die Siedlung zwischen Hürth und Frechen bewahrte zugleich ihren ländlichen Charakter, wie diese Ansicht von der Bruchstraße belegt.

So präsentierten sich die Häuser entlang der Hauptstraße von Berrenrath vor der Umsiedlung. Das Foto entstand wahrscheinlich Anfang der 1950er-Jahre. Damals stimmte die Mehrzahl der Berrenrather für eine geschlossene Umsiedlung des Ortes auf das rekultivierte Gelände der ehemaligen Grube gleichen Namens.

Der Abraumbagger kommt! Bis auf wenige hundert Meter hat sich das schwere Gerät der Ortschaft Berrenrath (alt) genähert. Das Erinnerungsfoto trägt das Datum vom 26. April 1957.

Auch dieses Foto wurde im April 1957 aufgenommen. Entlang der Hauptstraße in Berrenrath waren zu diesem Zeitpunkt bereits alle Häuser bis auf die Fundamente niedergelegt. Die Rodder-grube AG entschädigte die Grundbesitzer ohne Abstriche nach dem Prinzip „neu für alt". Jeder juristische Streit war zu vermeiden, da der Aufschluss des Tagebaus „Gotteshülfe" drängte.

Blick auf die moderne St.-Wendelinus-Kirche im Zentrum von Neu-Berrenrath. In den Anfangs-jahren sahen die Berrenrather in dem Gotteshaus ein Symbol für den Fortbestand des alten Dorfverbandes. Die Kirche wurde am 22. Dezember 1957 geweiht.

Aus abbautechnischen Gründen mussten ab 1950 etwa 650 Einwohner von Balkhausen ihre Häuser im Ortskern am Kirchhügel aufgeben. Auch die 1510 erbaute Kirche St. Rochus/St. Sebastianus wurde niedergelegt. Das gesamte Inventar wurde 1955 in den Kirchenneubau übernommen.

Die Teilumsiedlung von Balkhausen war 1959 abgeschlossen. Hier ein Blick auf die Neubauten an der Heerstraße / Ecke Mathias-Werner-Straße. Kostenträger war die Rheinische Aktiengesellschaft für Braunkohlenbergbau und Brikettfabrikation, kurz RAG genannt.

11

Bergarbeitersiedlungen – ein neuer Lebensraum

Mit der von der Jahreszeit unabhängigen Beschäftigung von Arbeitskräften in den Braunkohletagebauen und Brikettfabriken sahen sich die Arbeitgeber in die Pflicht genommen, für den nötigen Wohnraum zu sorgen. Die bekannteste Neusiedlung des Bergbaus im nördlichen Revier war die „Kolonie Fortuna", die um 1895 in der Nähe der Braunkohlengrube „Giersberg-Fortuna" entstand.

Im Süden des Reviers hatte der Vorstand der Grube „Brühl" bereits im Jahre 1889 nahe der Ortschaft Pingsdorf auf eigene Kosten eine kleine Werkssiedlung errichten lassen. In der Mitte des Abbaugebietes entstanden zum Beispiel Bergarbeitersiedlungen in Türnich-Balkhausen-Brüggen oder im Bereich von Habbelrath und Grefrath.

Basierend auf dem Gedanken der soziale Fürsorgepflicht für ihre Beschäftigten gründeten die Bergbau-Unternehmen 1920 die Wohnungsbaugesellschaft für das Rheinische Braunkohlenrevier GmbH (WBG). Als Nachfolgeorganisation entstand im Januar 1949 die Gemeinnützige Siedlungsgesellschaft mbH für das rheinische Braunkohlenrevier (GSG).

Ab 1912 begann in mehreren Tagebauen des Reviers die maschinelle Rohkohlenförderung. Der verstärkte Einsatz von technischen Gerätschaften machte den Aufbau einer zentralen Werkstatt für Wartung und Reparatur mit hoher Belegschaft notwendig. Parallel mit dem Ausbau der RAG-Hauptwerkstätte Grefrath wurde ab 1919 im Vorgebirgsort Habbelrath eine Bergarbeitersiedlung errichtet.

Die Braunkohlenwerke waren sehr daran interessiert, ihre Facharbeiter langfristig durch fabriknahe und billige Wohnungen zusätzlich zu binden. Das abgebildete Zehnfamilienhaus wurde 1921 in Habbelrath für Beschäftigte der Grube „Grefrath" gebaut.

Die großen Mehrfamilien-Wohnhäuser für die festangestellten „Beamten" der Grube „Grefrath" in Habbelrath waren 1919 bereits fertig gestellt.

Im Auftrag der RAG wurden in Habbelrath kurz nach Ende des Ersten Weltkriegs auch Einfamilienhäuser für leitende Angestellte des Tagebaus „Grefrath" errichtet.

Die Barbarastraße in Brühl-Heide, wenige Jahre nach der Fertigstellung der Arbeitersiedlung der Brikettfabrik „Gruhlwerk". Zur Sicherung der Selbstversorgung mit Kartoffeln, Gemüse und Obst wurden auch hier Nutzgärten angelegt.

In Brühl-Heide ließ das Gruhlwerk für seine fest angestellten Mitarbeiter, die so genannten „Beamten", einige höherwertiger ausgestattete Häuser bauen. Mietfreies Wohnen und die kostenlose Lieferung von Briketts waren neben der Entlohnung oft wesentliche Bestandteile der Arbeitsverträge.

Dieses Foto – am 29. September 1936 in Brühl-Heide aufgenommen – zeigt Bergarbeiterwohnungen in der Barbarastraße. Der Bau dieser Häuser um 1920 wurde von der RAG finanziert. In allen Zimmern standen Öfen, in denen Deputat-Briketts verheizt wurden.

Auf Betreiben von Carl Gruhl wurden 1907 in Brühl-Kierberg (heute Vochemerstraße 31–53) die ersten Mehrfamilienhäuser für Arbeiter der Brikettfabrik „Gruhlwerk" gebaut.

In der Donatusstraße in Oberliblar (früher Donatusdorf) entstand Anfang der 1920er-Jahre eine geschlossene Siedlung für die Arbeiter der Gewerkschaft „Donatus". Bei alliierten Luftangriffen auf die Bahnlinie Köln–Trier und die beiden Bergbaubetriebe „Liblar" und „Donatus" 1943/44 wurden zahlreiche Häuser schwer beschädigt. Einige Wohnblocks haben ihr ursprüngliches Erscheinungsbild nach dem Wiederaufbau bewahrt.

Die Häuser am Schlunkweg in Erftstadt-Liblar sind nach 1950 gebaut worden. Den Anstoß dazu gab die notwendige Umsiedlung der so genannten Waldkolonie an der Markscheide zwischen den Gruben „Liblar" und „Brühl". Es handelte sich um eine kleine, 1906/07 von der Braunkohlenbergwerk und Briketfabrik Liblar GmbH gebaute Bergarbeitersiedlung.

Bis Ende der 1920er-Jahre entstand in unmittelbarer Nähe der Brikettfabrik „Wachtberg" ober-halb von Frechen eine geschlossene Werkskolonie. Nach den Bestimmungen für die Gewährung von staatlichen Fördermitteln vom 21. Januar 1920 durften die Bergarbeiterwohnungen nach Größe, Raumzahl und Ausstattung „die notwendigsten Anforderungen nicht überschreiten".

Mit dem Aufschluss des Feldes „Herbertskaul" unterhalb der Brikettfabrik „Wachtberg" Mitte der 1950er-Jahre verlor die Kolonie nach und nach die Anbindung an die Stadt Frechen. Eine Umsiedlung war unvermeidlich.

Die ersten eingeschossigen Werkswohnungen der Gewerkschaft „Roddergrube" wurden 1898 in Brühl, in der heutigen Otto-Maigler-Straße, erbaut. 1953/54 konnten die Mieter die kleinen Häuschen preisgünstig erwerben.

Die im Viereck angelegte Werkskolonie „Wachtberg" wurde vom Grubenkraftwerk direkt mit elektrischer Energie versorgt. Zu den Mehrfamilienhäusern gehörten weitläufige Nutzgärten, kleine Tierställe und Schuppen. Die letzten Gebäude der ehemaligen Siedlung wurden 2001 abgerissen.

Blick auf die Kolonie „Fortuna" aus Richtung Oberaußem. Ab Dezember 1949 lautete die offizielle Gemeindebezeichnung Oberaußem-Fortuna. Bei der Volkszählung im Jahre 1950 wurden hier 2.116 Personen gezählt. Anfang der 1980er-Jahre ist „Fortuna" für den Aufschluss des Tagebaus „Bergheim" zusammen mit dem Kraftwerk und den Brikettfabriken abgetragen worden.

Trotz der relativ schematischen Anordnung der Straßen und Wohnhäuser sowie der Staubbelastungen liebten die „Fortunesen" ihren Heimatort im Schatten der Schornsteine und Kühltürme. Die Bergmannssiedlung „Fortuna" hatte bereits vor 1900 einen eigenen Haltepunkt an der schmalspurigen Eisenbahnverbindung von der Kreisstadt Bergheim nach Rommerskirchen.

Lebten in der Kolonie „Fortuna" im Jahre 1895 erst 20 Menschen, so betrug die Einwohnerzahl 30 Jahre später bereits 1.480. Die Mehrzahl der Männer fanden Lohn und Brot in den Brikettfabriken „Fortuna I und II" oder im REW-Kraftwerk „Fortuna".

Die historische Obere Stadtmühle in Brühl – besser bekannt als Rolshovener Mühle – wurde 1926/27 von der RAG gekauft und als Wohnsiedlung für Beschäftigte der Brikettfabrik „Gruhlwerk I" umgenutzt. Der Mühlenhof wurde in jüngster Zeit saniert und an Privatpersonen verkauft.

12

Pioniere der Rheinischen Braunkohlenindustrie

Zahlreiche Persönlichkeiten haben in den beiden letzten Jahrzehnten des 19. Jahrhunderts den Aufbau und die Weiterentwicklung der Braunkohlen-Industrie zu einer der tragenden Säulen der Wirtschaft im linksrheinischen Revier entscheidend geprägt. Ihre Namen stehen stellvertretend für Risikobereitschaft, Zukunftsglauben und liberales Unternehmertum. Sie gehören zu den Gründervätern der Syndikatsbewegung und legten die Grundlagen für die Stromerzeugung in Braunkohlenkraftwerken. An ihr verantwortungsbewusstes soziales Engagement für die Mitarbeiter in Gruben und Fabriken sowie deren Familien erinnert man sich, auch Jahrzehnte nach ihrem Tod und der Not in zwei Weltkriegen, in Anerkennung und Dankbarkeit.

Von 1905 bis 1908 hatte die Fortuna AG ihren Firmensitz in Horrem, Heerstraße 5. Nach der Fusion mit dem Gruhlwerk (Brühl-Kierberg) und der Gewerkschaft „Donatus" (Bliesheim) zur Rheinischen Aktiengesellschaft für Braunkohlen-bergbau und Brikettfabrikation (RAG) wurde die Hauptverwaltung des neuen Unternehmens in die Herwarthstraße 18 nach Köln verlegt. Die einst repräsenta-tive Villa in Horrem musste 1964 einem Neubau weichen.

Ansicht der Hauptverwaltung der Rheinischen Aktiengesellschaft für Braunkohlenbergbau und Brikettfabrikation in Köln an der Rheinuferstraße, dem heutigen Konrad-Adenauer-Ufer. Das Foto entstand in der Nachkriegszeit.

Der Sitz der Verwaltung der Braunkohlen-Industrie Aktiengesellschaft Zukunft (BIAG) befand sich über Jahre in Eschweiler an der Dürenerstraße.

Hermann Gruhl (1834–1903) gründete Anfang der 1890er-Jahre in Kierberg bei Brühl das Gruhl'sche Braunkohlen- und Briketwerk. Bis kurz nach 1900 entstanden insgesamt vier leistungsstarke Brikettfabriken. Auf der vom ihm gegründeten Grube „Ottilie-Kupferhammer" zu Oberröblingen am See wurden die ersten Brikettierversuche mit rheinischer Braunkohle unternommen. Mit dem Namen Hermann Gruhl verbinden sich bis heute Erinnerungen an sein soziales Engagement für die Bergarbeiter. Sein ältester Sohn, Carl Gruhl, übernahm 1894 die Betriebsleitung der Brikettfabrik. Er gründete die Hermann-Gruhl-Stiftung und ließ eine Werkssiedlung bauen. 1913 wurde er in Anerkennung seiner Verdienste um den rheinischen Braunkohlenbergbau zum Bergrat ernannt. Carl Gruhl starb hochbetagt im April 1947.

Paul Silverberg, 1876 in Bedburg/Erft geboren, wurde Ende September 1903 zum Aufsichtsratsvorsitzenden der Fortuna AG gewählt. Er war eine treibende Kraft zur Gründung der Rheinischen Aktiengesellschaft für Braunkohlenbergbau und Brikettfabrikation (1908) und der Rheinisches Elektrizitätswerk im Braunkohlenrevier AG (1910). Sein Sachverstand war gefragt, als deutsche Regierungsvertreter in Versailles über die Bedingungen des Friedensvertrages nach dem Ersten Weltkrieg zu verhandeln versuchten. 1920/21 gehörte Silverberg der Kommission des Reichswirtschaftsrates zur Frage der Sozialisierung des Bergbaus an. Um 1930 wurde die Paul-Silverberg-Stiftung zur Unterstützung Hilfsbedürftiger und zur Förderung kultureller Einrichtungen gegründet. Paul Silverberg emigrierte 1933 mit seiner Familie in die Schweiz, wo er 1959 starb.

Friedrich Eduard Behrens (1836–1920) war 1873 unter den Gründern des Brühl-Godesberger Vereins für Braunkohlenverwerthung, der Urzelle der späteren Gewerkschaft „Roddergrube" und der nachfolgenden Roddergrube AG. Gegen starke Widerstände ließ Behrens die bestehende Nasspresssteinfabrik mit Exter-Pressen ausrüsten. Im Frühjahr 1877 wurden die ersten Briketts aus rheinischer Braunkohle hergestellt. Seither gilt Behrens als Urvater der Brikettherstellung im linksrheinischen Braunkohlenrevier. 1900 konsolidierte er seine Beteiligungen an sieben Kohlenfeldern und verschmolz die entsprechenden Gewerkschaften zur 100-teiligen Gewerkschaft „Vereinigte Ville". Der Tagebau wurde 1901 aufgeschlossen. Mitte 1903 erwarb die Gewerkschaft „Roddergrube" sämtliche Kuxe der „Vereinigten Ville".

Gustav Wegge wurde am 11. Mai 1866 als neuntes Kind eines Volksschullehrers in Lütgendort-
mund geboren. Er besuchte die höhere Schule und erlernte nach dem Maturum auf der Stein-
kohlenzeche „Zollern" bei Dortmund zunächst den Bergmannsberuf. Nach dem Studium an den
Bergakademien Berlin und Clausthal wurde Wegge 1893 als erster „akademischer Bergmann des
rheinischen Reviers" zur Gewerkschaft „Roddergrube" nach Brühl berufen. Er prägte nachhaltig und über lange Jahre als Nachfolger von F.E. Behrens die weitere Entwicklung der späteren
Braunkohlen- & Briketwerke Roddergrube AG zu Brühl. Gustav Wegge starb 1935.

Die Heimat entdecken!

Von Kiel bis Wien,
von Aachen bis Görlitz:
Entdecken Sie Alltagsgeschichten
aus Ihrer Heimatstadt!

Leben in der Großstadt …

Tauchen Sie ein in das quirlige Großstadtleben vergangener Tage. Spazieren Sie über breite Boulevards und stürzen Sie sich ins Nachtleben. Erkunden Sie ihre Stadt durch die Fensterscheiben einer Straßenbahn oder des ersten Käfers und bewundern Sie prächtig geschmückte Schaufenster.

... und ländliche Idylle

Wie sah das Leben in Ihrer Heimat aus, als die Bauern noch mit Pferden pflügten und jedes Dorf seinen eigenen Schmied hatte, jeder noch jeden kannte und das Leben sich zwischen Kirche, Wirtshaus und Wohnküche abspielte?

Erinnerungen an die Schulzeit …

Erinnern Sie sich noch an die Zeiten von Abakus und Schiefertafel, an Klassenausflüge oder den ersten Taschenrechner? Blicken Sie zurück auf große Klassen und gestrenge Schulmeister, entdecken Sie auf Klassenfotos Freunde und Bekannte von früher!

... und das Arbeitsleben

Entdecken Sie, wie sich das Arbeitsleben in den letzten hundert Jahren verändert hat. Werfen Sie einen Blick in Fabrikhallen, blicken Sie Handwerksmeistern bei ihrer Arbeit über die Schulter und erinnern Sie sich an den Einkauf im Tante-Emma-Laden.

Gesellige Stunden im Verein …

Fußballclub und Schützenverein, Musikkapelle und Gesellenverein: Schauen Sie zurück
auf Volksfeste und Turniere, Chorproben oder Prunksitzungen. Erinnern Sie sich an
schöne Stunden und das gesellschaftliche Leben in Ihrer Heimat.

... und im Familienkreis

Werfen Sie einen Blick in die Wohnzimmer vergangener Tage und entdecken Sie, wie sich zwischen schweren Eichenmöbeln, Nierentischen und Ikea-Regalen der Alltag verändert hat. Erleben Sie Familienfeiern und Weihnachtsfeste im Wandel der Jahrzehnte mit.

www.suttonverlag.de

Alltagsgeschichte in historischen Fotos
zu über 1000 Regionen, Städten
und Gemeinden